清华少儿财商启蒙系列

钱可以这样用

我的银行账户怎么多了一笔钱？

（美）南希·罗文 著
（美）布拉德·菲茨帕特里克 绘
徐懿如 译

清华大学出版社
北京

中国金融人才的缺口依旧不小

侯炳辉
清华大学经济管理学院教授

世界发展的速度越来越快。前段时间，在人工智能领域富有影响力的于尔根·施密德胡伯（Jürgen Schmidhuber）博士在一次演讲中提到，他对宇宙历史中重大事件之间的间隔时间进行了研究，发现了一个惊人的现象：每个大事件到来的时间间隔是前一个的 1/4，这种指数级的时间缩减速度也影响着我们的日常生活。现在的年轻人可能没有特别切身的感受，中国在 20 世纪 80 年代还是全世界最贫困的国家之一，到现在短短 30 多年时间，已经成为世界第二大经济体，2016 年以美元计价的 GDP 是 1980 年的 36.6 倍。这里面固然有全球科技革命带来生产力变革的因素，但这种卓尔不群的表现更归功于中国人的努力和我们做出的制度选择。

中国经济的起飞离不开市场经济的发展，而市场经济的发展不仅让老百姓的主动性得到了很大激发，也让"经济"这个字眼逐渐为普通人所熟知。经济，不仅渗透在我们生活的方方面面：政府推进"营改增"税制改革，中国人民银行加息降息，菜市场上生态蔬菜脱销涨价，公司业绩良好准备 A 股上市，人们涨薪之后准备拿闲钱投资债券股票，社会福利与保障制度不断完善……而且，上述这些与经济有关的话题也是我们茶余饭后就会关注和谈论的事情。

作为直接跟"钱"打交道的行业，金融业在中国经济发展中的重要性越发凸显，2016 年金融业占 GDP 比例为 8.35%。大量的优秀企业通过银行贷款、债券、股票等金融工具，获得了研发推广产品所需资金，金融业在优化资源配置、降低企业融资成本方面发挥了不可或缺的作用。同时随着"一带一路"倡议的提出和人民币国际化国家战略的实施，掌握全球金融市场资产定价话语权对中国意义非凡。这些目标都对中国金融的发展提出更高的要求，而我们现在仍有一定差距。2017 年 3 月份发布的"全球金融中心指数"，上海、北京、深圳分列第 13、16、22 位，有分析

指出人力资本是目前最大的差距因素,中国金融人才的缺口依旧不小,尤其是通晓法律、产业、外语等方面的复合型人才极为欠缺,所幸的是,各地已出台了不少的优惠政策吸引和培养这种复合型的人才。

因此,就现代社会而言,就中国实现结构转型的需要而言,经济方面的基本认知教育,逐渐变得与科学教育、语言教育、工程教育、艺术教育同样重要。尽早地接触了解经济这个庞大复杂的系统的运行,知道一些常识,掌握一些原理,培养经济直觉,对将来从事专业的财经工作、其他领域的管理工作以及个人的职业规划、投资决策都大有裨益。

"清华少儿财商启蒙系列"正是为了这样的目的编写的。这套书以情景案例的形式,让小朋友在日常与钱打交道的活动中,通过自己的亲身体验,去思考和探寻经济运行的规律和本质。这种教育方式本质上与哈佛商学院等顶级商学院的课程设置异曲同工,兼具实操性和启发性。

希望每个打开这套书的小朋友,都能从这些有趣的故事中得到有益的智慧。

掌握最基本的经济学知识，甚至比学好物理化学更重要

张琦
中国社会科学院经济研究所副研究员、硕士生导师

经过近40年的改革开放，中国已经基本实现了从计划经济向市场经济的转型，无论是经济总量还是人均收入都获得了巨大的增长。但是，经济体制转型的同时，人们的经济思维是否也同步转型了？恐怕未必。从我们的直观感受来看，现今大多数60岁以上、成长在计划经济时期的中国人，对于金融、股票、税收的概念仍然十分陌生，而电子支付对于他们来说更是令人畏惧的事物。例如，他们对于金融的理解，很大程度上仍停留在"把钱存银行"这一层面，哪怕剔除通货膨胀之后实际存款利率为负，也仍然坚持"把钱存银行"。这当然有客观因素，如我国资本市场尚不发达，以银行为主的间接融资比重过大，人们的投资渠道过于狭窄，等等；但不可否认，主观理念也很重要，对于大多数成长在计划经济年代的人来说，唯一能够想到的理财途径就是银行储蓄。20世纪90年代上海证券交易所开市时，年轻一点的上海人对股票的知识，仅来自茅盾先生在小说《子夜》中对股票交易所的描写。改革开放以来，虽然收入提高了，财富增加了，但人们对市场经济的认知水平却没有自动同步提高。

因此也就不难理解，为什么许多中国人在投资理财上一方面表现得非常保守，另一方面却又很容易相信各种传销、集资、保健品等庞氏骗局。这些看似矛盾的现象背后，一个很重要的原因就是人们缺乏最基本的经济学和金融学常识。这就涉及国民教育的问题。在我国目前的教育体系当中，中小学阶段是没有经济学课程的；即便到了大学阶段，除经济学相关专业之外，其他专业开设的经济学课程也仅限于《马克思主义政治经济学原理》。而且，目前我国高校为这一课程选用的各种版本的教材，其理论体系和部分内容仍沿用了苏联于20世纪50年代编写的《政治经济学教科书》。因此非经济学专业的大学生受到的经济学教育，仍仅限于"商品价

值和使用价值""剩余价值""劳动二重性"等抽象概念。学生学过之后,对现实经济的理解仍是一头雾水。

虽然有经济学家建议我国在中学阶段开设经济学课程,但这在短期内恐怕无法实现。而我们知道,青少年阶段所学的知识,对人一生的影响是巨大的。在我看来,最基本的经济学知识,应该和加减乘除一样,成为每个人必备的生存素质,它甚至比物理化学更重要。近年来,随着人均收入的提高,人们对子女教育的需求呈现井喷式增长,无论是"学区房"价格的疯涨,还是各种"培训班""特长班"的火爆,都反映出中国家长对子女教育重视到了何种地步。但是,目前人们对子女"特长"的培养仍集中于琴棋书画、英语、数学等"技能"层面,针对少年儿童在经济学以及"理财"方面的培养,几乎处于空白状态。中国家长对子女在"钱"方面的教育,往往呈现两个极端,要么极力强调赚钱不易从而要求孩子处处勤俭,要么以"给孩子最好的成长环境"为由,不惜用钱满足孩子的一切需求。应当说,这两种教育方式都不太恰当,无助于孩子养成正确的理财观念。如果能对子女进行正确的财商教育,或许就能避免出现"小学生花光父母积蓄打赏网络女主播"这样的荒唐现象。

清华大学出版社引进出版的《钱可以这样用》这套书,可以说填补了国内经济学领域少儿读物的空白。这套丛书以图画书的形式,介绍了现代经济学和金融学的基本知识,内容涵盖价格机制、银行、股票、货币、税收、电子支付等各个方面,且均由经济学家指导,融趣味性、可读性和知识性于一体。同时,这套丛书翻译得也很准确,并且编者还增加了有关中国经济的相关知识,是一套不可多得的少儿经济学启蒙读物。

在此,作为少儿家长的我,愿意和家长朋友们分享这套丛书。

"早上好!该起床啦!"妈妈说。

"我今天不用去学校。"大卫说,"今天是'带孩子去工作日'。你要带我去看看你在银行是怎么做信贷员的。"

"是呀。"妈妈回答说,"银行里有很多可看的呢,所以快点起床吧!"

"银行出现有多久了?你小的时候有银行吗?"大卫问妈妈。

"我可没那么老！"妈妈大笑着说，"银行出现已经有几千年了。最早的银行是在古代美索不达米亚。人们把粮食当钱使用。神庙和宫殿都给人们提供安全存放粮食的场所。"

1781年，美国第一家国家银行成立于宾夕法尼亚州的费城。

到银行之后,妈妈带大卫到处参观。银行刚开门,有许多人在工作。

银行的营业面积大小不一。有些银行大楼占据了一整个街区,有些银行的小办公室就在杂货店里。

银行工作人员有的在电脑前打字,有的在打电话——有时候是同时做着这两件事。其他人在整理成堆的文件。大堂里,有几个人在往自动柜员机,也就是ATM里装入现金。

"你想观察柜员工作吗?"妈妈问。

"什么是柜员?"大卫问,"是讲故事的人[1]吗?"

"柜员就是帮助顾客的人。"妈妈回答。

---

1 柜员和讲故事的人在英语里是同一个单词teller。

"不过有时候我们也喜欢讲故事。"一个年轻的阿姨微笑着说,"嗨,大卫,我是霍利。"

"你能给大卫看看他的储蓄账户吗?"妈妈问霍利,"这是他的账号。"

"没问题。"霍利说。她把账号输入电脑。

各种各样的银行账户都靠一长串数字来识别。没有两个账号是一样的。

在电脑屏幕上,大卫可以看见他存钱和取钱的记录。但有一小笔存入金额大卫不记得自己存过。

"这个钱是从哪里来的呢?"他问。

"这是你的账户所得的利息。"霍利回答说,"人们如果在银行存钱,银行就会付利息。"

"如果人们从银行借钱,那也要付给银行利息。"妈妈补充说,"这就是银行的两项主要职能:给人们提供存放钱的安全场所,以及借钱给需要花很多钱的人。"

银行付给存款人的利息总是比向借款人收取的利息少。银行就是这样盈利的。

大卫坐在一张凳子上,看着霍利从顾客那里接过现金和支票,再放进抽屉里。每处理一笔交易,她都会打印出一张收据交给顾客。一个人来兑现200美元的支票,霍利数纸币的速度特别快,动作快得手指都看不清了。

"哇！你都可以当魔术师了！"大卫惊呼。

支票就像是一家银行给另外一家银行的信。它告诉对方银行把钱付给支票上的收款人。

一位女士带着一张破损严重的10美元纸币进来。霍利收下这张钱，换给了她一张崭新的。

"那旧的钱要怎么办呢？"大卫问。

美国联邦储备银行分布在以下城市：波士顿、纽约、费城、克利夫兰、里士满、亚特兰大、芝加哥、圣路易斯、明尼阿波利斯、堪萨斯城、达拉斯和旧金山。

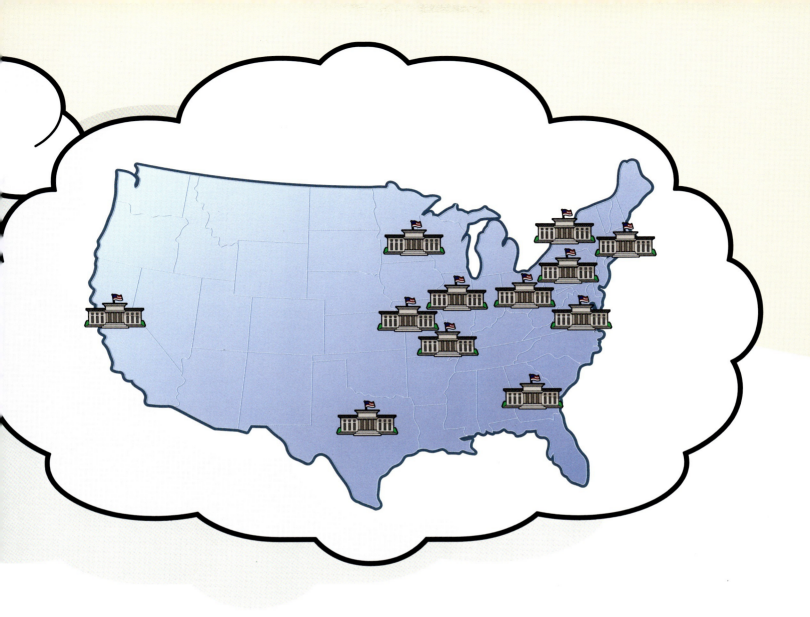

"银行把旧纸币送到一家叫联邦储备银行的特殊银行去。破损的纸币和硬币会被销毁,我们再换回新的。"霍利说,"美国有12家联邦储备银行。每一家都负责不同的区域。这些银行就像是银行的银行。就连政府也会使用这些银行。"

接下来，妈妈带大卫去看银行的金库和放保险箱的房间。

"银行把钱放在金库。"妈妈说，"金库是绝对安全的，而且还防火。看见那边的一个个格子了吗？那些是保险箱。人们租保险箱来存放贵重物品，比如珠宝或法律文件。"

接着，妈妈约了一个想要借钱买新车的男士见面。大卫看着妈妈仔细查看贷款申请表并问了几个问题。

"看起来都没问题。"她说，"过几天你应该就能拿到贷款了。"

"太好了！"那人说。

那人走后，大卫问："人们为什么需要贷款呢？"

"嗯，大多数是因为他们要买汽车、房子这类很贵的东西，但是钱又不够。"妈妈说，"有时候人们也需要钱送孩子上大学或者做生意用。"

在发放贷款之前，银行会查看一个人的财务状况，包括这个人挣多少钱，欠了多少债，有多少钱以及这个人能不能按时还款。

"我想我知道你最喜欢这个工作的什么地方了。"大卫说。

"什么地方呢?"妈妈问。

"在你告诉人们可以拿到他们需要的钱时,看他们那么高兴的样子。"大卫说。

"你说得对。"妈妈露出大大的笑容,"想知道我第二喜欢什么吗?就是休息室里的饼干。咱们去吧。"

有趣的事实

💲 中国相关

◆ 1元人民币的纸币平均能使用约4个月。污损和缺损的残币可以被银行回收,然后送往工厂处理,处理后的纸浆纤维可以用来做卫生纸,过程中产生的污泥还可以用来饲养蚯蚓。

◆ 我们日常工作和生活中由于存贷款、理财等需求,接触到的大都属于商业银行,其中包括国家直接控股的中国工商银行、中国农业银行、中国银行、中国建设银行、交通银行(俗称"中国五大行"),还有全国性中小型股份制商业银行比如招商银行、民生银行、浦发银行等,以及一些城市商业银行、农村商业银行、农村合作银行、农村信用社、邮政储蓄银行、村镇银行、农村资金互助社等。

◆ 除了商业银行,中国还有政府发起或担保的政策性银行,它们不吸收存款,不以营利为目的,而是代表政府为重点产业和区域的发展提供支持,目前有中国进出口银行、中国农业发展银行、国家开发银行三家银行。

◆ 中国人民银行(简称"央行")是我国国务院的组成部门。央行通过控制货币的发行量、调整存款准备金比例(商业银行吸收民众存款后,还需上缴一定比例给央行),以及制定商业银行付息利率(商业银行和政策性银行都需要从央行贷款)等方式,防范和化解金融风险,维护金融稳定。除此之外它还帮中央政府发公债从民众手里借钱,管理国家的黄金和外汇储备等。

◆ 商业银行之间有时也会互相借钱,尤其是一些短期的资金借贷。有的银行资金富余,有的银行资金短缺,资金短缺的银行以一定的利率从富余方借贷,上海银行间同业拆放利率(Shanghai Interbank Offered Rate,简称Shibor)是国内此类交易的重要参考指标。

美国相关

- 1美元的纸币平均能使用18~22个月。
- 银行挣钱的方式并非只有收利息一种。银行对某些服务还会收取少量手续费。
- 美国联邦储备银行的总部在华盛顿特区。
- 破旧的纸币有时候会循环再利用,变成屋顶纸板或者隔层材料。
- 许多银行交易并不是使用"真"钱交易的。EFT表示电子资金转账。这样钱就能通过电脑网络从一个账户转移到另一个账户上。

金融相关词汇

进阶一下

- ATM(自动柜员机)——连接银行大型电脑网络的机器,用它可以取钱也可以存钱。
- 债 务——欠别人东西。
- 存 款——把钱加入账户中。
- 联 邦——美国中央政府。
- 财 务——和钱有关的。
- 利 息——借钱的费用。
- 贷 款——借来的钱,并且要按一定计划归还。
- 美索不达米亚——亚洲西南部位于底格里斯河和幼发拉底河之间的地区,位于现在的伊拉克。
- 利 润——经商所得除去开销后剩下的钱。
- 交 易——交换钱、物品或服务。
- 取 款——从账户中拿出钱。

金融相关词汇

> 拓展一下

英文	中文	本书中出现的页码（不含序）
ATM(Automatic Teller Machine)	自动柜员机，ATM	9, 25
debt	债（务）	21, 25
deposit	存款	13, 24, 25
federal	联邦	16, 17, 25
financial	财务	21, 25
interest	利息	13, 25, 27
loan	贷款	20, 21, 24, 25, 27
Mesopotamia	美索不达米亚	7, 25
profit	利润	25, 27
transaction	交易	14, 24, 25
withdrawal	取钱，取款	13, 25
account	账户	11, 13, 25
computer	电脑	9, 11, 13, 25
Federal Reserve Bank	联邦储备银行	16, 17, 25
safe-deposit box	保险箱	18, 19
teller	柜员	9, 10, 25
vault	金库	18

银行如何赚钱？

第18页中，大卫的妈妈批准了一笔汽车贷款。当银行贷款给个人时，是要收取利息的。借款人最终还的钱比实际借的多。这是银行赚取利润的方式。

如果银行贷给你10,000美元，期限是5年，收8%的利息，那银行就挣了4,693美元。看下面这张图表就能发现，你借了5年的钱，最终向银行还了多少钱。

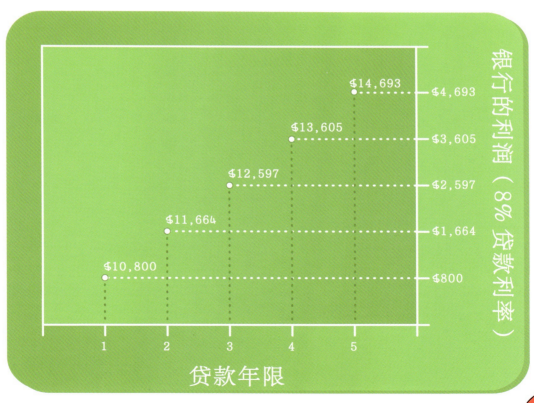

感谢专家给我们提供专业知识、与我们一起探讨,并提出建议:

清华大学经济管理学院教授侯炳辉

中国社会科学院经济研究所副研究员、硕士生导师张琦

美国南达科他州立大学经济学系教授约瑟夫·桑托斯

美国罗斯蒙特–苹果谷–艾纲(明尼苏达州)学区语文教师、文学硕士苏珊·凯瑟尔林

英国华威大学教育学研究专业文学硕士徐懿如

清华大学2007级理科状元、结构工程专业工学硕士张秦铭

版权所有，侵权必究。侵权举报电话：010-62782989 13701121933

图书在版编目（CIP）数据

钱可以这样用. 我的银行账户怎么多了一笔钱？ /（美）南希·罗文著；（美）布拉德·菲茨帕特里克绘；徐懿如译.—北京：清华大学出版社，2018(2018.7重印)

（清华少儿财商启蒙系列）

ISBN 978-7-302-48180-5

Ⅰ.①钱… Ⅱ.①南…②布…③徐… Ⅲ.①财务管理 – 少儿读物 Ⅳ.① TS976.15-49

中国版本图书馆 CIP 数据核字 (2017) 第 208499 号

In the money: a book about banking by Nancy Loewen; illustrated by Brad Fitzpatrick
© Picture Window Books, an imprint by Capstone (2006). All rights reserved. This Chinese edition distributed and published by © Tsinghua University Press (2017) with the permission of Capstone, the owner of all rights to distribute and publish same.
本书中文版由美国 Capstone 出版社授权清华大学出版社独家出版发行。

北京市版权局著作权合同登记号 图字：01-2017-5009

责任编辑：杨　仙　陈佳红
封面设计：王洪文
责任校对：王荣静
责任印制：董　瑾

出版发行：清华大学出版社
　　　　　网　　址：http://www.tup.com.cn，http://www.wqbook.com
　　　　　地　　址：北京清华大学学研大厦 A 座　　邮　　编：100084
　　　　　社 总 机：010-62770175　　邮　　购：010-62786544
　　　　　投稿与读者服务：010-62776969，c-service@tup.tsinghua.edu.cn
　　　　　质量反馈：010-62772015，zhiliang@tup.tsinghua.edu.cn
印 装 者：小森印刷（北京）有限公司
经　　销：全国新华书店
开　　本：240mm × 240mm　　　　　　　　　　印　张：$2\frac{2}{3}$
版　　次：2018 年 1 月第 1 版　　　　　　　　印　次：2018 年 7 月第 2 次印刷
定　　价：25.00 元

产品编号：071207-01